"浙江省安吉县生态地质调查试点项目"(〔省资〕2020005)资助
"浙江省典型地质标本及古生物化石采集与征集项目"(〔省资〕2018006)资助
总策划：龚日祥　王孔忠

跟着地质学家去旅行

余村穿越之旅

GENZHE DIZHIXUEJIA QU LÜXING YU CUN CHUANYUE ZHI LÜ

汪建国　刘　健　汪一凡
倪伟伟　张建芳　周宗尧　著

中国地质大学出版社
ZHONGGUO DIZHI DAXUE CHUBANSHE

内容简介

本书主要介绍了杭州六年级小学生阳宝跟随地质学家爸爸来到安吉余村,乘坐时光穿梭机穿越时空,开启的一场惊心动魄的地质探秘之旅的故事。

阳宝和爸爸从南华纪开始,依次经历了寒武纪、白垩纪、第四纪、20世纪九十年代,最后回到现代。在这次特殊的旅行中,他们熬过了严寒和酷暑,畅游了大海,与三叶虫来了一次亲密接触,亲眼目睹了正在喷发的火山和正在长高的大山,亲身体会了令人窒息的空气污染,感受了山清水秀的美好生活。这次旅行既新奇又刺激,让他们真真切切地经历了一次余村的前世今生。阳宝在这次奇幻之旅中收获了许许多多的科学知识,深刻领悟了"两山"理念的意义。

本书是一本集地学知识与美术手绘为一体的科普读物,内容丰富多彩,文字简洁明快,可作为向青少年普及地学知识和传播生态文明思想的良好载体。

图书在版编目(CIP)数据

跟着地质学家去旅行:余村穿越之旅/汪建国等著. —武汉:中国地质大学出版社,2021.7
ISBN 978-7-5625-5029-7

Ⅰ.①跟… Ⅱ.①汪… Ⅲ.①地质学–少儿读物 Ⅳ.①P5-49

中国版本图书馆 CIP 数据核字(2021)第 081463 号

跟着地质学家去旅行:余村穿越之旅	汪建国 等著

责任编辑:唐然坤	选题策划:唐然坤	责任校对:何澍语

出版发行:中国地质大学出版社(武汉市洪山区鲁磨路 388 号)　邮编:430074
电话:(027)67883511　　　　传真:(027)67883580　　E-mail:cbb@cug.edu.cn
经销:全国新华书店　　　　　　　　　　　　　　　　http://cugp.cug.edu.cn

开本:880 毫米×1 230 毫米　1/32	字数:51 千字	印张:1.75
版次:2021 年 7 月第 1 版	印次:2021 年 7 月第 1 次印刷	
印刷:武汉市金港彩印有限公司		

ISBN 978-7-5625-5029-7	定价:15.00 元

如有印装质量问题请与印刷厂联系调换

序 一

地质学是一门相对冷门的科学,"将今论古"是地质学的传统思维方法,地质学研究的方向往往偏向于古老的地球,使得人们对地质学知之甚少。

本书根据调查研究成果,通过大胆的科学幻想,用通俗易懂的语言,向青少年讲述地质科学知识,生动解释了"雪球地球""海水侵袭""火山喷发""构造抬升"等地质事件,形象展示了地质作用的震撼力,让地学知识不再晦涩难懂。同时,通过粗放型发展模式与生态发展模式的强烈对比,让小读者深刻体会到生态环境保护的重要性,增强了小读者尊重自然、保护自然的使命感。

本书融科学性、趣味性、思想性于一体,文字生动形象,绘画栩栩如生,是一本普及地学知识和传播生态文明思想的科普佳作。

中国科学院院士

李廷栋

2021年6月12日

序 二

  长达7亿多年的地质演化过程赋予了安吉县余村丰富的岩石、土壤、地质遗迹等资源。20世纪八九十年代，余村人民依靠优质的石灰岩资源发展了矿业经济，成为安吉县的"首富村"。2005年8月15日，时任浙江省委书记的习近平同志在余村考察时，首次提出"绿水青山就是金山银山"的重要理念。十几年来，余村深入贯彻了"两山"理念，成为新时代生态文明建设的先行区，走出了一条"生态美、产业兴、百姓富"的可持续发展之路。

  当前，安吉县正深入践行"两山"理念，推进自然资源综合改革试点建设，浙江省自然资源厅于2020年在安吉县启动了生态地质调查试点工作。负责调查工作的研究团队在查明余村自然资源现状和生态地质条件的基础上，将余村的地质演化过程演绎为有趣的科幻故事，编纂成通俗易懂的科普读物。

  该书立意新颖，向大众生动地讲述了余村的"前世今生"，给余村"绿水青山"注入了丰富的地质内涵，也为余村把绿水青山建得更美、把金山银山做得更大贡献了地质智慧。

浙江省自然资源厅副厅长

陈远景

2021年6月12日

序 三

  安吉余村的地质历史丰富而漫长，最早可以追溯到距今约 7 亿年的南华纪，全球许多重要的地质事件在这里都有迹可循。这些都是非常珍贵的地学资源，是大自然赐予余村的宝贵财富，是开展地学科普的天然教材。如何利用好这些资源，值得地学工作者深深思考。

  本书采用科幻的形式，借用时下最流行的"穿越"思想，将多个孤立的地质遗迹，按照时间先后顺序，串联成一个生动有趣的故事。在轻松自如的氛围中，解释了地质遗迹背后的科学原理，使地学知识不再晦涩难懂。同时，本书将古老的地质学理论与新兴的生态文明思想进行有机结合，传播了"两山"理念，在青少年心中埋下了生态文明建设的种子，与新时代的发展理念完美契合。

  本书主题思想鲜明，科学性与趣味性并重，语言通俗易懂，亲和力强，能有效激发青少年的阅读兴趣，是一本质量上乘的科普读物。

原中国地质调查局成都地质矿产研究所研究员

2021 年 6 月 12 日

目 录 CONTENTS

人物介绍 ················· 1

整装待发 ················· 2

南华纪——雪球地球 ············ 6

寒武纪——海洋世界 ············ 12

白垩纪——火山爆发 ············ 24

第四纪——地动山摇 ············ 34

20世纪90年代——生态危机 ········ 40

现代——"两山"首现 ············ 42

后记 ····················· 46

人物介绍

阳宝：杭州某小学六年级学生。活泼开朗，爱好科学，喜欢扎着两只羊角辫。

阳宝爸爸：地质学家，对浙江的地质历史有独到见解。

时光穿梭机：乘坐时光穿梭机穿越时光隧道可以回到远古的余村。

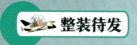

爸爸:那我带你来一次余村远古穿越之旅吧!

阳宝期末考试科学考了 100 分，她兴高采烈地来到爸爸的办公室，期待爸爸给她的惊喜。

阳宝：爸爸，您答应给我的惊喜呢？

阳宝：是习爷爷到过的余村吗？太酷了！

阳宝和爸爸来到浙江省安吉县余村，参观完矿山遗址、江南天池、长谷洞天、藏龙百瀑、中国大竹海等景点后，来到"两山"理念纪念碑前。

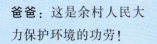

小知识

"两山"理念纪念碑

"两山"理念纪念碑于 2015 年竖立在余村中心，重 88 吨，高 10.8 米，上书"绿水青山就是金山银山"。

"两山"理念是指"我们既要绿水青山，也要金山银山。宁要绿水青山，不要金山银山，而且绿水青山就是金山银山"，是时任浙江省委书记习近平同志 2005 年考察安吉余村时首次提出的。

南华纪——雪球地球

雪球地球

阳宝:爸爸,好冷啊!这是什么时候啊?

爸爸：这是地质历史上的南华纪。这个时期地球表面几乎全部被冰雪覆盖。地球就像一个"大雪球"，科学家称它为"雪球地球"！

小知识

南华纪

南华纪指距今7.8亿—6.35亿年的一段地质时期。全球冰冻现象是这一时期的主要特点，地球受寒冷气候的影响，变为"雪球地球"。

话音刚落,远处的大山出现雪崩,积雪迅速向下滑动。

小知识

化石

化石指保存于岩层中的古生物遗体或遗迹。化石可分为实体化石（如恐龙骨架）、模铸化石（如鱼化石）、遗迹化石（如恐龙脚印）和化学化石（如煤）。

阳宝和爸爸大汗淋漓地跑到远处，山上的积雪继续下滑，还夹杂着大大小小的碎石块。

爸爸：对，积雪的下滑力量大得惊人，带走的这些石块堆积下来就会形成冰碛岩。

爸爸：没问题，爸爸带你畅游大海。

余村冰碛（qì）岩

阳宝：爸爸，快看！滑下来的积雪里还有很多碎石块。

阳宝：爸爸，太冷了，我可不想变成"化石"。我们还是继续穿越吧！

小知识

冰碛（qì）岩

　　冰川在运动过程中，会携带沿途的沉积物，这些沉积物随冰川一起移动到低洼位置，当它们固结成岩后，便形成了冰碛岩，其中的砾石大小不等，成分多样，形状各异。

阳宝和爸爸坐上时光穿梭机来到大约5亿年前的余村。

阳宝：这就是"生命大爆发"的寒武纪吧？好想和三叶虫来一次亲密接触！

小知识

寒武纪

寒武纪指距今5.41亿—4.85亿年的一段地质时期。三叶虫是这一时期最具代表性的海洋生物，因此寒武纪又称为"三叶虫时代"。

阳宝：爸爸，这些小动物是什么？我怎么从来没有见到过？

爸爸：它们是浙江最有名的三叶虫，学名叫"球接子"。

阳宝：原来这就是三叶虫啊！我又长见识了！

 小知识

球接子

球接子是三叶虫的一种，属于古无脊椎动物，其最大特点是头与尾大小相等，仅有2～3个胸节，体型较小，一般长仅1～3厘米，极少达到5厘米。

阳宝：我们在矿山遗址见到的就是这种岩石吗？

爸爸：是的。那里的石灰岩因为受外力的作用发生变形，形成褶皱，像卷起的书本。

余村矿山遗址

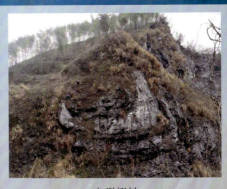

向形褶皱

阳宝：那些褶皱看起来好壮观呀！

小知识

石灰岩"恐龙蛋"

石灰岩"恐龙蛋"并非真正的恐龙蛋，而是岩石风化后形成的同心圆构造。由于薄层状泥质灰岩的层面凹凸不平，且不同时期沉积层物质成分存在差异，当岩石遭受风化作用后，其风化面就会呈现出同心圆构造，类似恐龙蛋，因此被形象地称为石灰岩"恐龙蛋"。

石灰岩"恐龙蛋"

余村石灰岩中的同心圆构造

爸爸：还有更壮观的呢！在余村还能看到一颗颗像"恐龙蛋"一样的岩石。

阳宝和爸爸到了海边,看到了水面上呈帐篷状的沉积物。

阳宝:爸爸,水面上那些像一排排帐篷的东西是什么呀?

爸爸:那是石灰岩暴露水面而形成的帐篷构造。随着海平面的反复升降变化,会形成帐篷构造和水平层理构造交替出现的现象,形状就像你爱吃的三明治。

阳宝:我们在余村看到的像三明治一样的岩石就是这样形成的吗?

爸爸:是的,你真棒!

> **小知识**
>
> ### 帐篷构造
>
> "帐篷构造"的概念于 1950 年首次提出,是指一种在海底中呈对称且垂直于层面发育的倒"V"字形构造,因其形态类似美国印第安人建造的帐篷而得名。它反映了沉积物暴露于水面的一种沉积环境。
>
>
>
> 印第安人帐篷

水平层理构造
灰岩球
帐篷构造

岩石"三明治"

阳宝：石灰岩有什么用呢？

爸爸：它的用途可多了，可以用来制造水泥、石灰等建筑材料。

阳宝：寒武纪真有意思！

爸爸：接下来还有更刺激的。我们向白垩纪出发！

石灰　　　水泥

白垩纪——火山爆发

小知识

火山

火山是一种常见的地貌形态，是指由地壳之下的岩浆及其携带的固体碎屑喷出地表后堆积形成的山体。地壳之下的岩浆从地壳薄弱地带喷出地表，就形成了火山。

白垩纪

白垩纪指距今1.45亿—6600万年的一段地质时期，恐龙繁盛、火山喷发是这一时期的主要特点。

阳宝和爸爸穿越时光隧道来到白垩纪时期的余村。

爸爸：看！那是天荒坪火山！

阳宝：爸爸，好热啊！快看！火山正在喷发。

爸爸：不会的，要是一直喷发人类还怎么生存呀！这座火山最开始猛烈喷发，随着喷发能量的减弱，喷发活动会渐渐停止，经过再次积蓄能量，最后又有岩浆沿裂隙慢慢向外流出，形成流纹岩。那些没有流出地面的岩浆，在地下还会形成花岗岩。

小知识

花岗岩

花岗岩是一种典型的岩浆岩，是指花岗质岩浆沿火山薄弱带上升至地表之下的某一位置而冷却固结形成的一种岩石。

火山碎屑岩（江南天池外围）

阳宝：老师跟我们说过，浙江省有很多火山岩。

火山沉积岩（江南天池边部）

流纹岩（江南天池中心）

爸爸：是的。火山喷发会形成各种各样的火山岩，例如流纹岩、火山碎屑岩等。

小知识

流纹岩

流纹岩是指花岗质岩浆喷出地表形成的岩石，其化学成分与花岗岩相同。两者不同之处在于，前者形成于地表，而后者形成于地下。

火山碎屑岩

火山碎屑岩是指由各种火山碎屑物堆积并固结形成的岩石。

藏龙百瀑

长谷洞天

爸爸：余村的火山岩可壮观了。现在我们看到的崇山峻岭、幽深峡谷都是由火山岩经外力地质作用形成的，例如藏龙百瀑、长谷洞天。

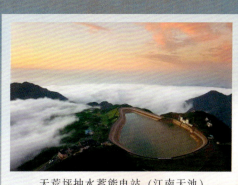

天荒坪抽水蓄能电站（江南天池）

爸爸：江南天池那里曾经是一个古火山口！如今人们在上面建成了天荒坪抽水蓄能电站。

小知识

天荒坪抽水蓄能电站（江南天池）

　　天荒坪抽水蓄能电站是亚洲第一、世界第二的抽水蓄能电站。它的工作原理是：根据电力差价，在用电低谷时，利用剩余电能抽水至上水库，在用电高峰时再放水至下水库发电。

第四纪——地动山摇

阳宝和爸爸来到第四纪,在余村的南边看到了许多高山。

阳宝:爸爸,那些山好像比之前更高了!

阳宝:我知道了!老师给我们说过,喜马拉雅山脉因为板块碰撞,现在还在长高呢!

 小知识

第四纪

第四纪指距今258万年直到现在的一段地质时期。地壳升降运动、冰川活动、人类出现是这一时期最主要的特点。

板块运动

地球表层由六大板块构成,板块之间的大规模水平运动称为板块运动。

现在余村南部的高山

爸爸：是的，这个时期板块运动比较强烈，会形成许多高山。

爸爸：对，所以 2020 年我们国家又对其主峰珠穆朗玛峰进行了一次测量工作，它的最新高度为 8 848.86 米。第四纪除了形成高山外，山上的岩石风化后还会形成土壤。爸爸带你去看大竹海吧！

中国大竹海

爸爸：它是由花岗岩风化形成的，比较适合毛竹生长，所以大竹海才这么有名！

爸爸：是的。安吉能成为"中国竹乡"，土壤功不可没。竹海生态旅游也给当地人民带来了经济收入。

37

> **小知识**
>
> ### 富硒土壤
>
> 硒是一种非金属元素,是人体必需的微量元素之一。当1千克土壤中含有0.4毫克及以上硒时,该土壤就可称为富硒土壤。

富硒大米

20世纪90年代——生态危机

爸爸：这是当地人们为了发家致富，正在开采石灰岩矿。余村也因此成为了首富村。

爸爸：是的。所以，2005年习爷爷考察余村时就提出了"绿水青山就是金山银山"的理念。

阳宝：咳……咳……！爸爸，灰尘怎么这么大呀？他们在干吗呀？

阳宝：虽然人们富裕了，但是空气污染也太严重了！

阳宝和爸爸再次坐上时光穿梭机穿越时光隧道,来到20世纪90年代的余村。

余村水泥厂

现代——"两山"首现

阳宝和爸爸穿越时光隧道,回到现在的余村。

阳宝:啊!现在的空气真清新!一幢幢的小别墅很漂亮!

阳宝:真羡慕余村人们的生活!

阳宝和爸爸结束了余村的穿越之旅,回到杭州的家,打开日记本,若有所思……

阳宝:余村的这次穿越之旅非常精彩,我学到了许多地质知识。

阳宝:地质作用太神奇了,能给人类留下丰富的资源。习爷爷说的对,只要好好保护和合理开发,绿水青山也能变成金山银山!

后 记

　　漫长的地质历史赋予了地球丰富多彩的地质资源，形成了人类赖以生存的生态环境。了解地质历史的演变过程和科学规律，对提高青少年生态保护意识具有重要意义。十几年来，生态文明建设的思想深入人心，成就有目共睹。如何让青少年切身体会生态文明建设的意义，是时代赋予生态地质工作者的一项光荣而艰巨的任务。

　　2020年，浙江省自然资源厅在安吉县部署了"浙江省安吉县生态地质调查试点项目"。项目组人员根据调查研究成果，通过大胆的科学幻想，用通俗易懂的语言，编写了本科普读物。本书集科学性、趣味性、思想性于一体，将枯燥的地学知识串联成有趣的科幻旅行，向青少年传播地质科学知识，宣传"两山"理念，讲述地质故事，以期对青少年读者有所启迪。

本书叙述的科学观点有些已有定论，有些尚属假说。读者在阅读过程中应大胆思考，勇于质疑，以便拓宽视野、启发心智。

本书作者郑重声明，文中图片除手绘团队完成外，部分配图转引自相关科技网站，在此一并表示感谢。

著者

2021 年 6 月